Ranjith Kumar Gatla

Análise de desempenho de um MLI assimétrico optimizado

Ranjith Kumar Gatla

Análise de desempenho de um MLI assimétrico optimizado

ScienciaScripts

Imprint

Any brand names and product names mentioned in this book are subject to trademark, brand or patent protection and are trademarks or registered trademarks of their respective holders. The use of brand names, product names, common names, trade names, product descriptions etc. even without a particular marking in this work is in no way to be construed to mean that such names may be regarded as unrestricted in respect of trademark and brand protection legislation and could thus be used by anyone.

Cover image: www.ingimage.com

This book is a translation from the original published under ISBN 978-620-4-71737-1.

Publisher:
Sciencia Scripts
is a trademark of
Dodo Books Indian Ocean Ltd. and OmniScriptum S.R.L publishing group

120 High Road, East Finchley, London, N2 9ED, United Kingdom
Str. Armeneasca 28/1, office 1, Chisinau MD-2012, Republic of Moldova, Europe
Managing Directors: Ieva Konstantinova, Victoria Ursu
info@omniscriptum.com

Printed at: see last page
ISBN: 978-620-8-51110-4

ÍNDICE

Capítulo 1: Introdução...3

Capítulo 2: Levantamento da literatura..............................6

Capítulo 3: Metodologia...12

Capítulo 4: Implementação do modelo Simulink 27

Capítulo 5: Resultados e Discussões.................................35

Capítulo 6: Conclusão 39

Apêndice...40

Referências 46

Capítulo 1: Introdução

1.1 Introdução

Os inversores autónomos baseados em sistemas solares fotovoltaicos (SPV) tornaram-se cada vez mais populares em aplicações domésticas e comerciais. Os sistemas solares fotovoltaicos (PV) estão a tornar-se cada vez mais importantes para o mundo no século XXI para satisfazer a procura de eletricidade. No entanto, devido a variações na temperatura ou na irradiação, a tensão de saída do sistema SPV tem ondulações maiores e, como resultado, a potência de saída é frequentemente variável. O algoritmo MPPT é implementado utilizando um conversor DC-DC adequado para resolver estes problemas.

Os circuitos electrónicos de potência produzem harmónicas de ordem superior nos inversores convencionais. Os inversores multinível são investigados para resolver os problemas das harmónicas [1]. O inversor multinível (MLI) procura criar uma saída de alta qualidade para reduzir a THD em comparação com o inversor tradicional. A maior desvantagem dos MLIs é a utilização de mais componentes. Além disso, a complexidade do circuito de controlo e proteção aumenta. Normalmente, a fiabilidade do conversor depende do número de interruptores do conversor [2]. A fiabilidade e a eficiência elevadas são alcançadas com conversores multinível com menos interruptores. As topologias que utilizam o menor número possível de comutadores são discutidas em [3-5]. Tanto as técnicas de comutação de alta como de baixa frequência podem levar a uma operação MLI. A modulação sinusoidal por largura de pulso (PWM) é um dos métodos de comutação de alta frequência, mas também provoca perdas de potência significativas e distorções harmónicas. Uma forma de evitar este inconveniente é utilizar uma estratégia de modulação de baixa frequência, como o método de eliminação selectiva de harmónicas (SHE) [6,7]. A eliminação de harmónicos com um foco, a única forma de reduzir os harmónicos de ordem inferior dominantes na saída de um inversor é utilizar a modulação por largura de impulso (SHEPWM). Ao resolver as equações não lineares geradas pela saída do inversor. As perdas de potência do inversor são causadas pela comutação de alta frequência [8]. A topologia de comutação reduzida apresentada [9] elimina os harmónicos através da utilização de modulações de fase deslocada e de nível deslocado; no entanto, não é ideal para utilização em aplicações de alta potência. Foi desenvolvida uma topologia baseada em condensadores comutados com menor número de fontes de corrente contínua, mas estes condensadores têm problemas de equilíbrio de tensão.

Para ultrapassar os problemas associados à modulação de comutação de alta frequência, é implementado um controlo fundamental da frequência de comutação (SHEPWM) [10]. Um conversor boost é proposto [11], no entanto, utiliza muitos dispositivos de comutação no seu design, o que aumenta a complexidade do controlo. As topologias MLI modernas não são comercialmente viáveis para sistemas SPV com potencial de conversão de energia limitado (o desempenho em aplicações comerciais é inferior a 20%).

O objetivo aqui é otimizar os ângulos de comutação para minimizar os harmónicos de ordem inferior Para reduzir o volume, o custo e as perdas no inversor multinível e satisfazer a carga

Por um lado, os inversores multinível com interruptores de potência reduzida e menos elementos de circuito são necessários para construir. Por outro lado, o MLI simétrico pode aumentar os níveis de tensão do inversor enquanto funciona a uma frequência de comutação baixa, tornando-o um potencial inversor FV com maior eficácia. Com um número reduzido de comutadores, o inversor funcionará relativamente a uma frequência de comutação baixa, o que melhora o desempenho do inversor e reduz os requisitos de filtragem para aplicações FV autónomas ou ligadas à rede. Atualmente, os inversores multinível com um número reduzido de interruptores tornaram-se uma nova área de investigação para os conversores electrónicos de potência. Esta investigação centrou-se na identificação e desenvolvimento de um inversor multinível assimétrico com um número reduzido de interruptores para otimizar os circuitos de potência e de controlo. A configuração do inversor multinível proposto é bastante simples e fácil de estender para níveis mais altos, bem como os seus circuitos de gating são simplificados devido ao número optimizado de interruptores. O principal fator que influencia o desempenho do inversor são os harmónicos da saída multinível. No entanto, na topologia proposta para o inversor, o número de interruptores é reduzido para o funcionamento com diferentes ângulos de comutação, o que provoca frequentemente harmónicas na saída do inversor proposto com fator de potência unitário. As capacidades de potência reactiva e a penetração significativa da eletricidade solar na rede devem ser suportadas pelos futuros inversores foto voltaicos. Foram apresentados vários algoritmos de otimização para avaliar os ângulos de comutação ideais para os inversores, reduzindo assim o conteúdo de harmónicos na saída do inversor.

No entanto, estes algoritmos foram concebidos para funcionar a frequências de comutação mais elevadas, inadequadas para eliminar eficazmente os harmónicos de ordem inferior. O estudo realizado por vários investigadores desenvolve principalmente inversores simétricos de comutação reduzida com métodos de otimização, que não são relevantes para aplicações solares fotovoltaicas, uma vez que a saída do sistema solar fotovoltaico é variável com a variação da irradiação solar e da temperatura. Os inversores têm de aceitar a entrada variável do sistema solar fotovoltaico para produzir uma tensão de saída constante adequada ao funcionamento autónomo ou em rede.

Capítulo 2: Levantamento da literatura

Quan Li afirma em 2008 que a produção global anual de células e módulos fotovoltaicos (PV) está a aumentar a um ritmo exponencial de 1727 MW em 2005. Os inversores de rede interactivos desempenham um papel muito significativo na decisão da soma dos custos do sistema para projectos fotovoltaicos integrados em edifícios (BIPV), que estão rapidamente a tornar-se o segmento mais forte do mercado fotovoltaico.

Nas aplicações fotovoltaicas interactivas à rede, o conversor integrado em módulo, também designado por MIC, ganhou popularidade a nível mundial e pode ajudar a reduzir os custos de equilíbrio do sistema para obter custos totais do sistema mais baixos. [1]

Este trabalho abrange a maioria das topologias ultimamente propostas para aplicações MIC e centra-se na investigação da topologia de conversores integrados em módulos fotovoltaicos na gama de potências inferiores a 500 W. Com base nas configurações das ligações dc, as topologias dos conversores integrados em módulos são divididas em 3 configurações diferentes. Na conclusão do estudo, há uma discussão sistemática que se centra nas principais vantagens e desvantagens de cada configuração MIC.[2]

São objeto de uma análise cuidadosa e servirão como uma base valiosa e um ponto de referência para os projectos de aplicações da próxima geração de MICs. 2015 Samir Kouro A energia fotovoltaica aumentou a uma taxa anual típica de 60% nos últimos 5 anos, mais de um terço da capacidade total instalada de energia eólica, e desde então está a transformar-se rapidamente numa componente significativa da mistura de energia em diferentes locais e redes de energia.

O custo dos módulos fotovoltaicos diminuiu, o que está na origem deste facto. A progressão dos conversores fotovoltaicos tradicionais de eletricidade, desde os inversores monofásicos ligados à rede até aos estudos geopolíticos mais complicados, como resultado deste crescimento, aumentou a fiabilidade sem sacrificar a eficácia, a extração de energia dos módulos e o aumento do custo[3].

O layout do sistema de várias instalações fotovoltaicas e as topologias de conversores fotovoltaicos descobertas, úteis para sistemas ligados à rede, são abordados neste artigo de revisão dos actuais sistemas de conversão de energia fotovoltaica. Também se discute a investigação atual e a tecnologia de conversão foto voltaica emergente, destacando os seus potenciais benefícios em relação à tecnologia existente.

Em 2010, Marco Liserre fala sobre a utilização da eletrónica industrial para incorporar a energia verde no sistema de energia inteligente. A energia fotovoltaica, a conversão da energia oceânica, a conversão da energia eólica e os sistemas de energia mista são abordados no artigo seguinte. Já não há energia suficiente proveniente de combustíveis fósseis no núcleo da Terra e há muita poluição no ambiente. [4]

Wuhua Li afirma em 2010 que os sistemas eléctricos fotovoltaicos ligados à rede em aplicações domésticas estão a evoluir para uma área de mercado em rápida expansão na indústria fotovoltaica. A fim de cumprir os critérios de segurança e utilizar plenamente a potência gerada pela energia fotovoltaica, um desenvolvimento recente nos sistemas de investigação de produção doméstica é a adoção da configuração de ligação fotovoltaica em paralelo em vez da conceção de ligação em série. [5]

Com a construção de baixa tensão de saída fotovoltaica ligada em paralelo, o principal desafio é como realizar uma conversão CC/CC de alta velocidade, baixo custo e alta eficiência.

Nestas aplicações, são examinados os limites dos conversores boost típicos. A maioria das topologias que apresentam um bom desempenho em termos de elevado aumento, redução de custos e aumento da eficiência é então abrangida e dividida em vários grupos. São examinadas as vantagens e desvantagens destes conversores. [6]

A fim de estabelecer topologias avançadas para os sistemas de energia ligados à rede que utilizam a tecnologia fotovoltaica (PV), é proposto um circuito concetual abrangente para abordar os principais objectivos de obtenção de uma tensão de passo elevada, custos reduzidos e maior eficiência na conversão DC/DC. Além disso, os desafios inerentes associados a conversores CC-CC de elevado aumento, económicos e eficientes são sistematicamente delineados e abordados.

Neste artigo, as diretrizes gerais e a estrutura para a próxima geração de conversores CC/CC não isolados de elevado escalonamento pretendem ser óbvias.

História

Edmond Becquerel Fig 2.1, um cientista francês, foi o primeiro a demonstrar empiricamente e a provar a existência do efeito foto voltaico. Criou a primeira célula fotovoltaica no laboratório do seu pai em 1839, quando tinha apenas 19 anos de idade.

Numa edição de 20 de fevereiro de 1873 da revista Nature, Willoughby Smith publicou o primeiro relato do "Efeito da luz no selénio durante a passagem de uma corrente eléctrica". Charles Fritts deu passos significativos no desenvolvimento de células solares quando foi pioneiro na criação da primeira célula solar de estado sólido em 1883. O seu feito inovador envolveu a aplicação de uma fina camada de ouro sobre um material semicondutor, o selénio, para estabelecer ligações eléctricas. No entanto, apesar deste esforço pioneiro, o protótipo que desenvolveu apresentava uma eficiência de apenas 1%[7].

Com base na descoberta do efeito fotoelétrico externo por Heinrich Hertz em 1887, o físico russo Alexander Stoletov criou a primeira célula em 1888.

O processo fundamental de excitação de portadores induzida pela luz, conhecido como efeito PE, foi descrito pela primeira vez por Albert Einstein no século XIX. A sua contribuição significativa para este domínio valeu-lhe o Prémio Nobel da Física em 1921. Com base nestes conhecimentos, Russell Ohl obteve uma patente em 1946 para a moderna célula solar semicondutora de junção. É de salientar que o trabalho de Ohl em várias invenções, incluindo a célula solar, acabou por conduzir à invenção do transístor.

Em 25 de abril de 1954, os Laboratórios Bell organizaram uma demonstração pública da primeira célula solar prática. Os fundadores desta tecnologia inovadora foram Gerald Pearson, Calvin Souther Fuller e Daryl Chapin[8].

A popularidade das células solares disparou quando foram propostas como complemento da nave espacial Vanguard I em 1958. Ao incorporar células solares no exterior da nave espacial sem grandes modificações nos sistemas de energia, a duração da missão poderia ser significativamente alargada.

A instalação de grandes painéis solares semelhantes a asas começou com o lançamento do Explorer 6 em 1959. Estes conjuntos tinham 9.600 células solares Hoffman.

Os progressos na tecnologia das células solares ocorreram gradualmente ao longo das duas décadas seguintes, impulsionados principalmente pelos avanços nas aplicações espaciais, em que a relação potência/peso era da maior importância[9].

No entanto, apesar destas realizações, os custos das células solares mantiveram-se elevados devido à ausência de incentivos ao investimento em alternativas mais económicas mas menos eficientes. Os clientes espaciais estavam dispostos a pagar um prémio pelas melhores células disponíveis. A dinâmica de preços na indústria dos semicondutores desempenhou um papel fundamental na determinação dos custos. A mudança para os circuitos integrados na década de 1960 resultou em lotes maiores e mais económicos de materiais semicondutores, reduzindo subsequentemente o preço das células solares. Em 1971, o custo das células solares tinha diminuído para cerca de 100 dólares por watt.

Fig 2.1 O Dr. Elliot Berman está a pôr à prova vários painéis solares fabricados pela sua empresa, a Renewable Energy Corporation.

Elliot Berman juntou-se a uma equipa da Exxon SPC no final de 1969, quando investigava células solares orgânicas e procurava projectos para os 30 anos seguintes. O grupo tinha previsto que, no ano 2000, a energia eléctrica seria significativamente mais cara.

Acreditavam que este aumento de preços tornaria outras fontes de energia mais apelativas, sendo a solar a mais intrigante. Depois de efetuar uma análise de mercado, chegou à conclusão de que haveria uma procura significativa a um preço por watt de cerca de 20 dólares.

A primeira melhoria foi a constatação de que o processo típico de produção de semicondutores não era o ideal. Os investigadores basearam-se na superfície rugosa das bolachas e não tiveram em conta os processos de limpeza e de revestimento antirreflexo das bolachas. Além disso, os investigadores "encapsularam" as células utilizando cola de silicone entre elas[10].

 O dispositivo tem plástico acrílico na parte da frente e uma placa de circuito impresso na parte de trás, em vez dos materiais caros e da cablagem manual utilizados nas aplicações espaciais. Os materiais que sobram da indústria eletrónica podem ser utilizados para criar células solares.

A SPC convenceu a Tideland Signal a utilizar os seus painéis especiais para fabricar bóias para navios que funcionam com energia solar. Fizeram-no porque descobriram que outra empresa chamada Automatic Power tinha impedido a utilização de um protótipo alimentado a energia solar, para poderem vender mais baterias. As bóias da Tideland acabaram por ser melhores do que as da Automatic porque utilizavam energia solar[11].

A aquisição da Solar Power International (SPI) pela Arco resultou na criação da ARCO Solar devido à constante expansão do número de docas de carga e plataformas petrolíferas offshore existentes. A primeira fábrica construída especificamente para a produção de painéis solares foi estabelecida em Camarillo, Califórnia, pela ARCO Solar. Funcionou continuamente desde que a ARCO a adquiriu em 1977 até ao seu encerramento pela Solar World em 2011.

Capítulo 3: Metodologia

A corrente contínua (DC) é convertida em corrente alternada (AC) utilizando um equipamento elétrico conhecido como inversor. O inversor fornece a eletricidade de reserva de emergência para uma residência. Em alguns sistemas, uma parte da energia CC da aeronave é convertida em CA através do inversor. A iluminação, o radar, o rádio, os motores e outros equipamentos eléctricos são as principais utilizações da eletricidade CA.

3.1 Inversor multinível (MLI)

Atualmente, muitas aplicações comerciais e industriais começaram, como mostra a figura 3.1, a exigir uma potência elevada. No entanto, certos equipamentos industriais necessitam apenas de uma pequena quantidade de potência para funcionar. Mesmo que alguns motores que requerem elevada potência possam beneficiar dela, a utilização de uma fonte de elevada potência pode causar danos a todas as cargas industriais.

A média tensão é necessária para vários accionamentos de motores e aplicações utilitárias na gama de média tensão. Para tensões médias e altas, o inversor multinível é uma opção para aplicações desde que foi introduzido em 1975.

O MLI, que funciona como um inversor e é utilizado em aplicações industriais onde é necessária uma potência elevada e uma tensão média, é utilizado nessas situações.

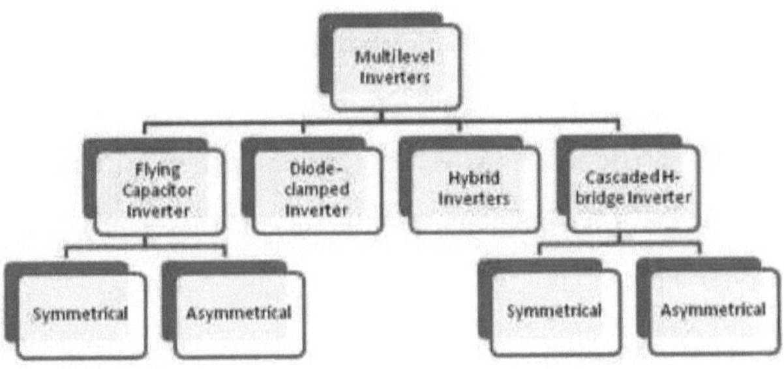

Fig 3.1 Classificação do MLI

3.2 Circuito de um inversor CC-CA geral

Para produzir um conversor multicamada é necessário converter uma fonte de média tensão numa potência de saída mais elevada. Os painéis solares, os supercapacitores e as baterias são exemplos de fontes de média tensão.

Os ângulos específicos em que os comutadores são configurados influenciam grandemente a geração dos níveis de tensão desejados e a qualidade global da forma de onda de saída. O controlo preciso e a otimização destes ângulos de comutação são essenciais para conseguir um funcionamento eficiente e eficaz do inversor multinível.

3.2.1 Classificação do Inversor Multi-nível

Os inversores multinível são de três tipos.

- Tipo MLI com fixação por díodos

- Condensadores móveis tipo MLI

- Ponte H em cascata tipo MLI

3.2.1.1 Tipo MLI com pinça de díodo

O conceito fundamental por detrás deste tipo de inversor envolve a utilização de díodos em diferentes configurações para fornecer vários níveis de tensão em várias fases, que são depois ligadas a bancos de condensadores ligados em série. Ao permitir apenas uma pequena quantidade de fluxo de corrente, os díodos ajudam a aliviar a tensão noutros componentes eléctricos.

O problema do equilíbrio dos condensadores impõe uma restrição à obtenção de mais de três níveis de tensão neste tipo de inversor. No entanto, devido à utilização de uma frequência de comutação comum a todos os dispositivos e a um esquema simples de transferência de potência back-to-back, este inversor oferece uma elevada eficiência.

Aplicações do MLI do tipo com pinça de díodo:

- Compensador Estático de Var (SVC)

- Motores de acionamento de velocidade variável.

- Interligação de sistemas AT.

- Linhas de transmissão HVDC e HVAC

3.2.1.2 Condensadores voadores do tipo MLI

A utilização dos condensadores é a ideia mais básica por detrás deste tipo de inversor multinível. É composto por uma série de células de comutação interligadas com pinças de condensadores. Os condensadores são capazes de fornecer uma tensão limitada ao equipamento elétrico. O estado de comutação deste inversor é comparável ao de um inversor com pinça de díodo.

Este estilo particular de inversor multinível não necessita de díodos de aperto. A saída é metade da tensão de entrada DC. Trata-se de um erro num inversor multinível com os condensadores volantes. A redundância de comutação dentro desta fase assegura que os condensadores volantes são estabilizados. Pode ser utilizada para gerir um fluxo de energia ativo e dinâmico. No entanto, ocorrerão perdas de comutação devido à comutação de alta frequência.

Aplicação de condensadores voadores do tipo MLI:

- Controlo da velocidade do motor de indução por circuito DTC

- Geração de var estática

- Conversão AC DC e DC AC

- Conversores com capacidade de distorção harmónica

- Rectificadores sinusoidais para corrente

3.2.1.3 Ponte H em cascata do tipo MLI:

O MLI do tipo ponte H em cascata utiliza interruptores, condensadores e necessita de menos componentes para cada nível. O inversor multinível consiste em múltiplas células de conversão de energia, cada uma das quais é construída utilizando uma configuração de ponte H. Em cada célula de ponte H, um par de condensadores e interruptores é utilizado para receber uma tensão CC de entrada única.

As células da ponte H constituem os blocos fundamentais do inversor, sendo cada célula capaz de gerar um de três níveis de tensão: zero, corrente contínua positiva ou corrente contínua negativa. Este tipo de inversor multinível oferece a vantagem de necessitar de menos componentes em comparação com os inversores de condensador voador e de díodo. Além disso, embora o inversor possa ter um peso mais elevado, é geralmente mais económico do que as outras duas alternativas.

A comutação suave é possível graças a várias metodologias de comutação inovadoras. Os inversores multinível em cascata são utilizados para que deixe de ser necessário utilizar díodos de aperto, condensadores voadores para os inversores de condensadores voadores ou o enorme transformador necessário para os inversores multifásicos convencionais. No entanto, requerem várias tensões separadas para alimentar cada célula.

Aplicações da ponte H em cascata tipo MLI:

- Motores e seus accionamentos

- Filers (Activos)

- Condução de veículos eléctricos

- Utilização de corrente contínua - Compensador PF (fator de potência)

- Sistemas de frequência consecutivos

- Interligação FER (fontes de energia renováveis).

3.2.2 Vantagens do MLI:

O conversor multicamadas oferece as seguintes vantagens:

Tensão de modo comum (CMV): Os inversores multicamadas criam tensão de modo comum, o que reduz a tensão do motor e evita danos no motor.

1. **Corrente de entrada:** Os MLI têm um limite de distorção baixo para a corrente de entrada que podem consumir.

2. **Frequência de comutação:** O inversor multicamadas pode funcionar tanto a uma variação de frequência fundamentalmente mais elevada como a frequências de comutação mais baixas. É de salientar que se obtém uma melhor eficiência e uma perda de comutação reduzida com uma frequência de comutação mais baixa.

3.3 Sistema **solar fotovoltaico**

A produção descentralizada de energia renovável é necessária para satisfazer o aumento contínuo do consumo de energia eléctrica, mantendo ao mesmo tempo um ambiente limpo. O aumento do consumo de energia pode sobrecarregar as centrais eléctricas e as redes de distribuição, o que teria um efeito negativo na qualidade, segurança e disponibilidade da energia.

A única forma de resolver este problema é integrar a rede eléctrica com a energia renovável, como na figura 3.2, de modo a que o sistema esteja de acordo com as fontes de energia renováveis disponíveis. Como a energia solar está mais facilmente disponível, é mais eficaz e mais benéfica para o ambiente do que os sistemas tradicionais de produção de energia, como os combustíveis fósseis, o carvão ou a energia nuclear, as tecnologias de produção de energia solar estão recentemente a atrair uma maior atenção.

Devido ao aumento dos custos de produção dos painéis fotovoltaicos, os sistemas fotovoltaicos continuam a ser muito caros, mas a energia que os alimenta, a luz do sol, está disponível em praticamente qualquer lugar e continuará a estar disponível durante milhões de anos, depois de esgotadas todas as outras fontes de energia não renováveis.

A ausência de componentes móveis na tecnologia fotovoltaica é uma das suas principais vantagens. Como resultado, o sistema fotovoltaico é excecionalmente durável, tem uma longa vida útil e requer pouca manutenção. Mais importante ainda, é um método de produção de energia de uma forma ecologicamente sustentável.

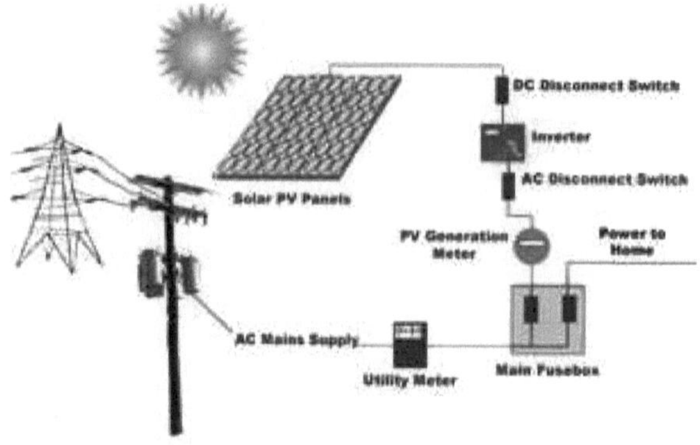

Fig 3.2 Diagrama de linha

3.3.1 O que é a energia solar e a energia solar

A razão pela qual a energia solar é vital para si é talvez o fator mais crucial de todos:

- O petróleo e outros tipos de fósseis e combustíveis não são fontes de energia renováveis. Uma vez esgotados, não podem ser substituídos. Quando os combustíveis fósseis se esgotarem, a humanidade terá de encontrar uma nova fonte de energia ou regressar à vida que existia antes de o homem começar a utilizar estes produtos.

- Os combustíveis fósseis poluem significativamente o ambiente. Estes combustíveis são dispendiosos de extrair do solo e de utilizar, uma vez que poluem os cursos de água, incluindo a carne e os legumes que comemos e o ar que respiramos. Outras fontes de energia amigas do ambiente, como a energia eólica e solar, têm preços razoáveis e são simples de criar.

A limitação do sistema fotovoltaico de poder fornecer a carga em dias de sol é um inconveniente. Por conseguinte, é necessário estabelecer uma interface entre o sistema fotovoltaico e o sistema de rede ou hibridizá-lo com outros sistemas de produção de energia, a fim de aumentar o desempenho e fornecer eletricidade ao longo do dia.

Existem vários problemas de interface resultantes da integração do sistema fotovoltaico com a rede eléctrica, o que torna necessário o uso de um conversor de tensão por modulação de largura de pulso. Foi criado um protótipo experimental de um sistema conversor de potência em amperes. Este protótipo tem um controlo MPPT e uma matriz PV que gera 20 kW de potência.

Uma das limitações deste sistema é a necessidade de geração de sinais de referência com elevada precisão e transdutores de medição de corrente de elevada largura de banda, que funcionam a frequências várias vezes superiores à frequência de comutação. Consequentemente, este requisito aumenta o custo global do sistema. No contexto de um sistema fotovoltaico (PV), os inversores adequados incluem inversores centrais, inversores de string, inversores integrados em módulos ou específicos de módulos, bem como inversores PV multi-string. As tendências actuais da indústria estão a impulsionar os avanços nestas tecnologias de inversores...

O circuito de fase bloqueada pode ser utilizado para controlar estes inversores solares se estiverem ligados à rede. Foram discutidos os méritos e a necessidade de tecnologias de distribuição. Foram discutidas as vantagens e desvantagens dos inversores fotovoltaicos monofásicos ligados à rede com controlos.

Foi apresentado um sistema trifásico de condicionamento de energia fotovoltaica com ligação à rede, incorporando um método de deteção rápida para detetar quaisquer perturbações na tensão da linha. Isto permite que o sistema responda prontamente e se adapte às mudanças na tensão da rede.

O microcontrolador é responsável pelo controlo do sistema. O inversor solar, que liga o sistema de produção de energia solar mostrado na fig. 3.3 à rede, também pode ser controlado por sistemas electrónicos de potência. Para servir as cargas próximas, foi criado um projeto e uma modelação totalmente desenvolvidos do sistema fotovoltaico ligado à rede.

Fig 3.3 Painel solar

A fim de tornar a Terra livre de poluição e ambientalmente agradável, o mundo está a voltar-se para fontes de energia mais ecológicas.

A tarefa difícil consiste em utilizar estas fontes de forma extensiva enquanto se integra a rede. Como estas fontes têm um enorme potencial de produção perto do terminal de carga, a Geração Distribuída (GD), particularmente os sistemas fotovoltaicos monofásicos em telhados, é um tópico de estudo proeminente para a integração na rede.

Através da utilização de um sistema de controlo adequado e de hardware apropriado, a aplicação em telhados envolvendo GDs monofásicos alimentados com fonte PV pode ser utilizada não só para consumo doméstico mas também para fornecer à rede energia excedentária.

Uma estratégia de controlo de um sistema monofásico baseada na teoria da PQ instantânea foi publicada em algumas publicações.

Os métodos de controlo alternativos, como o quadro de referência síncrono (SRF), são utilizados principalmente em sistemas trifásicos e convertem os valores flutuantes sinusoidais em quantidades de corrente contínua. O SRF oferece um controlo mais preciso do que os métodos baseados em PQ, mesmo quando a rede está distorcida.

No entanto, um sistema de controlo monofásico baseado no SRF pode ser adaptado, uma vez que não pode ser utilizado para obter a quantidade de corrente contínua necessária para criar o comando de referência necessário.

Os conversores de fonte de tensão (VSCs) são utilizados para ligar fontes fotovoltaicas à rede. Os VSC podem ser regulados utilizando uma abordagem de controlo da corrente baseada em histerese ou um método de controlo da tensão baseado em PWM (HCC).

A reação rápida e a regulação melhorada são proporcionadas pelos controladores baseados em HCC, embora a frequência variável seja uma desvantagem fundamental.

O controlo baseado em PWM, por outro lado, fornece uma frequência de comutação definida que pode ser convenientemente utilizada para a construção correta de filtros LC ou LCL.

Para uma eficiência óptima, é crucial ligar as fontes fotovoltaicas (PV) ao lado DC do inversor num sistema PV. Entre os vários algoritmos disponíveis para o seguimento do ponto de potência máxima (MPP), a técnica baseada em CI destaca-se por proporcionar uma dinâmica rápida e um controlo eficaz em condições de insolação que mudam rapidamente. Algoritmos como perturbar e observar (P&O) e condutância incremental (IC) são utilizados para seguir o MPP com precisão.

Nesta investigação, é desenvolvida uma nova estratégia de controlo fotovoltaico monofásico ligado à rede, baseada na teoria SRF. O controlador VSC, também conhecido como um controlador de tensão baseado em PWM acionado por corrente, é construído para utilizar tanto os controladores de corrente como os de tensão. Através do VSC, a rede recebe a potência máxima rastreada através do controlo adequado da tensão do elo CC.

É assegurado que toda a quantidade de energia fotovoltaica gerada é fornecida através da capacidade do inversor de ligar o barramento CC à rede, mantendo a tensão do elo CC estável.

Com base na capacidade disponível do VSC, o sistema pode também ser eficazmente utilizado para fornecer uma compensação limitada de potência reactiva, para além da transferência de potência ativa.

Inclui uma breve discussão e explicação dos vários sistemas de controlo, bem como a configuração exacta do sistema.

Para poder ligar-se à rede e fornecer energia real e algum condicionamento de energia menor, um sistema fotovoltaico montado no telhado com o design especificado é simulado no MATLAB Simulink.

Os conteúdos abordados nas próximas secções são os seguintes:

- Configuração do sistema

- Modelação de matrizes foto voltaicas e técnicas IC MPPT,

- Simulação MATLAB,

- Avaliação do desempenho.

3.4 Configuração proposta do sistema

O conversor de reforço multinível, também conhecido por MLBC, e um inversor multinível híbrido simétrico constituem este sistema de duas fases. O conversor de reforço multinível (MLBC) utiliza a fonte fotovoltaica de entrada para gerar vários níveis de tensão melhorados, satisfazendo assim os requisitos da tensão de ligação de corrente contínua (CC). É importante salientar que isto é conseguido sem a necessidade de um transformador de alta frequência (HFT) ou de um grande rácio de ciclo de funcionamento. Além disso, cada dispositivo no MLBC limita a tensão da ligação CC apenas uma fração de (1/N) vezes, assegurando um controlo eficiente da tensão em todo o sistema.

Proporciona uma série de vantagens importantes, incluindo a diminuição da tensão através dos componentes e a garantia do equilíbrio dos condensadores do elo CC devido ao aperto dos díodos com base na capacitância e nas suas tensões.

O Inversor Multinível híbrido em análise transforma corrente contínua multicamada em corrente alternada. O SLSPWM modificado é utilizado para fornecer impulsos de porta aos comutadores do inversor.

Além disso, ao incluir uma unidade básica, a tensão de saída do conversor Boost multinível e do inversor multinível híbrido pode ter mais valores. As secções seguintes fornecem uma explicação completa do funcionamento do conversor Boost multinível, do inversor multinível híbrido, da estratégia de controlo e da análise CMV.

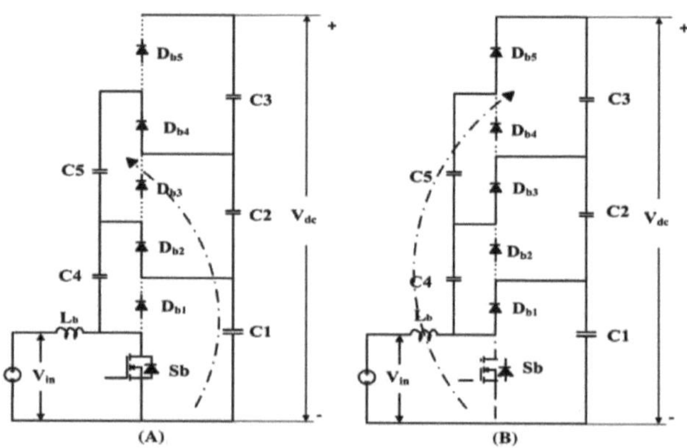

Fig 3.4 A posição do interrutor está no estado ligado em A e no estado desligado em B.

A imagem acima, fig. 3.4, mostra o Um conversor boost de três níveis que utiliza díodos e condensadores é desenvolvido a partir de um conversor boost típico. 21 Uma das principais vantagens do MLBC é a sua capacidade de equilibrar condensadores de corrente contínua sem exigir a inclusão de circuitos adicionais.

Como conversor frontal, o conversor de reforço de três níveis aumenta a tensão CC de entrada. As figuras 2A e 2B, que mostram o funcionamento do circuito MLBC, apresentam vários estados de comutação para os componentes de potência. Na Figura 2A, o indutor está ligado à fonte CC de entrada. Lb enquanto o interrutor Sb está na posição ON (Vin).

Se a tensão do condensador C4 for inferior à do condensador C1 neste caso, então C1 bloqueia a tensão de C4 utilizando o díodo Db2 e o interrutor Sb. A tensão em C4 e C5 é simultaneamente bloqueada por C1 e C2 através de Db4 e Sb se a tensão em C4 e C5 for inferior à tensão em C1 e C2.

Semelhante à Figura 2B, o condensador C1 é carregado pela corrente do indutor, que conduz Db1. enquanto Sb está no estado OFF. Quando Db1 conduz, a tensão em C1 e C2 é bloqueada por C4, Vin e a tensão do indutor através de Db3. Da mesma forma, a tensão em C1, C2 e C3 através de Db5 é bloqueada pela tensão no indutor mais Vin, C4 e C5. É crucial lembrar que os diodos Db1, Db3 e Db5 conduzem no circuito simultaneamente e complementam os diodos Db4, Db2 e Sb.

As equações 1 e 2 permitem expressar o rácio de funcionamento e a tensão de entrada (Vin) em termos da tensão total do circuito CC (Vdc) e da corrente do indutor de entrada (IL), respetivamente.

Ro representa a resistência de saída e D representa o rácio de funcionamento do MLBC.

Para uma saída DC de nível "N", é necessário um total de dois condensadores e um díodo (2N 1). A equação 3 fornece a tensão "Vc" através dos condensadores, bem como a tensão de bloqueio "Vb" do interrutor e do díodo.

$$V_{dc} = \frac{N^* V_{in}}{(1 - D)}, \tag{1}$$

$$I_L = \frac{N^2 V_c}{(1 - D)R_o}, \tag{2}$$

$$V_b = V_c = \frac{V_o}{N}. \tag{3}$$

Nesta parte, são fornecidas as configurações de comutação PWM detalhadas SLS ajustadas para o fator de potência unitário da rede (vg e ig positivo) e o inversor de sete níveis, vg e ig negativo) e circunstâncias de fator de potência não unitário.

Quando vg e ig são positivos e quando vg e ig são negativos, a topologia sugerida pode funcionar em cada um destes estados.

Quando Vg é positivo e Ig é negativo, bem como quando Vg é negativo e Ig é positivo, a topologia sugerida funciona nestes dois modos.

Capítulo 4: Implementação do modelo Simulink

4.1 Introdução

Simulink, que é um software utilizado para modelizar, simular e avaliar sistemas dinâmicos. Permite a modelação em tempo contínuo, tempo amostrado ou uma mistura de sistemas não lineares e lineares. A ferramenta de modelação do Simulink possui uma interface gráfica do utilizador (GUI) que permite aos utilizadores clicar e arrastar os diagramas de blocos para desenvolver modelos.

Porque podemos criá-los tanto de cima para baixo como de baixo para cima. O sistema pode ser visto a um nível muito elevado e, em seguida, podemos fazer duplo clique nos blocos para descer através das camadas e estudar o modelo com cada vez mais pormenor. Esta abordagem clarifica a organização interna e as relações entre as partes de um modelo. Utilizando uma variedade de técnicas de integração, podemos simular um modelo depois de este ter sido definido.

Tendo estabelecido um modelo, com várias abordagens de integração, podemos imitá-lo, quer escrevendo instruções na janela de comandos do MATLAB, quer através dos menus do Simulink. Quando a simulação está a decorrer, com a ajuda do scope e de outros blocos de visualização, os resultados podem ser vistos. Para uma investigação do tipo "e se", podemos também alterar as definições e observar rapidamente os resultados.

O espaço de trabalho MATLAB pode ser utilizado para pós-processar e visualizar os resultados da simulação. Uma variedade de sistemas dinâmicos presentes na vida quotidianaO Simulink pode ser utilizado para estudar uma variedade de sistemas mecânicos, eléctricos e termodinâmicos, incluindo circuitos de eletricidade, absorção de choques, redes de travagem e muito mais.

O Simulink requer dois passos para simular um sistema dinâmico. Utilizando o editor de modelos do Simulink, o sistema que vai ser simulado é primeiro representado graficamente.

O comportamento do sistema é então simulado utilizando o Simulink durante um determinado período de tempo. A simulação é efectuada pelo Simulink utilizando as informações introduzidas no modelo.

4.2 Diagramas de blocos

Um diagrama de blocos do Simulink ilustra um sistema dinâmico que consiste em blocos interligados, representados por símbolos e ligados por linhas. Cada bloco representa um tipo específico de sistema dinâmico, capaz de produzir saídas contínuas ou saídas discretas em intervalos de tempo específicos. As conexões entre as entradas e saídas do bloco são representadas por linhas.

O comportamento de cada bloco dentro do diagrama depende do seu tipo, regendo as relações entre entradas, estados e tempo. Um diagrama de blocos pode incluir qualquer número de blocos, cada um servindo a um propósito único na representação do sistema. Vários tipos de blocos podem ser utilizados para representar com precisão diferentes componentes e dinâmicas dentro do sistema.

A capacidade do Simulink de imitar sistemas dinâmicos básicos é representada por blocos. Um bloco é composto pelos seguintes elementos:

1) Conjuntos de entradas,

2) Conjuntos de Estados

3) Conjuntos de saída

As saídas de um bloco dependem das suas entradas, estados e tempo (se houver). O tipo de bloco de que este é uma instância determinará, a função específica que liga a saída do bloco às suas entradas, estados e tempo variará. Blocos: Contínuos vs. Discretos O conjunto de blocos padrão do Simulink contém blocos contínuos e descontínuos.

Os blocos contínuos reagem continuamente a informações que estão sempre a mudar. Pelo contrário, os blocos discretos só reagem a alterações de entrada em múltiplos integrais de um período de tempo definido, conhecido como o tempo de amostragem do bloco. Os blocos discretos mantêm uma saída estável entre os tempos de amostragem. É possível definir a taxa de amostragem para cada bloco discreto usando a opção de tempo de amostragem.

Os blocos do Simulink podem ser contínuos ou discretos. Diz-se que um bloco tem uma taxa de amostragem implícita se puder ser discreto ou contínuo. O período de amostragem implícito também será contínuo quando todas as entradas dos blocos forem constantes...

Quando todos os tempos de amostragem de entrada são múltiplos integrais do menor intervalo de tempo, o tempo de amostragem implícito é determinado como sendo o mesmo que o menor tempo de amostragem de entrada. No entanto, em situações em que o maior divisor inteiro do conjunto de tempos de amostragem é o tempo de amostragem básico, o tempo de amostragem de entrada é definido como o tempo de amostragem básico das entradas. Isso garante taxas de amostragem consistentes e sincronizadas dentro do sistema, otimizando o desempenho geral e a precisão da simulação.

4.3 Bibliotecas de blocos do Simulink

Os blocos de construção utilizados no Simulink foram agrupados em bibliotecas de blocos, de acordo com o seu funcionamento.

- Na biblioteca Sources encontra blocos que produzem sinais.

- Pode encontrar blocos na biblioteca de Sumidouros que escrevem ou apresentam uma saída de bloco.

- Os blocos que descrevem componentes de tempo discreto podem ser encontrados na biblioteca Discreta.

- Os blocos lineares da biblioteca Contínua descrevem funções.

- As funções matemáticas gerais são descritas em blocos na biblioteca Matemática.

4.4 Sub-sistemas

As funções do Simulink permitem a representação de sistemas complexos como redes de subsistemas interconectados, onde cada subsistema é representado usando um diagrama de blocos. Utilizando o editor de modelos Simulink e o bloco Subsystem, podemos construir subsistemas dentro do modelo. Os subsistemas podem ser aninhados dentro de outros subsistemas em qualquer nível, permitindo a criação de modelos hierárquicos. Esta estrutura hierárquica fornece uma representação clara e organizada da arquitetura do sistema e promove uma abordagem de conceção de cima para baixo.

Além disso, é possível conceber subsistemas que funcionem com base em entradas específicas de acionamento ou de ativação. Estas entradas podem iniciar a funcionalidade do subsistema, assegurando que este só funciona quando ocorre a transição correspondente.

Em resumo, as funções do Simulink permitem a construção de sistemas complexos utilizando subsistemas interligados representados como diagramas de blocos. A natureza hierárquica dos subsistemas permite o desenvolvimento de modelos organizados, enquanto a capacidade de definir entradas de ativação ou de habilitação acrescenta flexibilidade e controlo à funcionalidade do subsistema.

4.5 Fase de execução do modelo

O Simulink completará a fase do modelo de simulação calculando continuamente uma série de diferentes variáveis de estado e resultados do sistema durante o tempo de início e fim da simulação com base nos dados deste modelo. Os períodos de tempo subsequentes, em que os estados e as saídas foram determinados, são referidos como etapas de temporização.

O tamanho do passo é o intervalo entre cada passo. O tempo de amostragem fundamental do sistema, o tipo de solucionador utilizado para determinar os estados contínuos do sistema e se os estados contínuos do sistema têm ou não descontinuidades afectam o tamanho do passo (Deteção de Cruzamento Zero). Os estados iniciais e os resultados do sistema a ser simulado são especificados pelo modelo no início da simulação.

Em cada fase, o Simulink calcula um novo valor para as entradas, estados e saídas do sistema, que é atualizado no modelo para refletir os seus resultados. Os modelos serão actualizados no final da simulação para representar as entradas, os estados e as saídas finais de um sistema.

Em cada passo de tempo:

1) O Simulink atualiza as saídas dos blocos dentro dos modelos em uma ordem ordenada. Para computar as saídas de cada bloco, o Simulink utiliza a função de saída do bloco. Essa função pode exigir certos parâmetros para computar o resultado do bloco, e o Simulink fornece o tempo atual, as entradas e os estados para a função de saída. No caso de blocos discretos, o Simulink atualiza suas saídas somente quando o passo atual se alinha com um múltiplo integral do tempo de amostragem do bloco. Isso garante que a saída de um bloco discreto seja atualizada adequadamente nos intervalos especificados.

2) Modifica os estados do bloco no modelo em ordem ordenada. O Simulink usa sua função de atualização de estado discreto para calcular os estados discretos de um bloco. Ao integrar numericamente as derivadas temporais dos estados contínuos, o Simulink calcula os estados contínuos de um bloco. Ele chama a função de derivadas contínuas do bloco para calcular as derivadas temporais dos estados.

3) Opcionalmente, testa os estados contínuos dos blocos em busca de descontinuidades. O Simulink emprega um método conhecido como deteção de passagem por zero para encontrar interrupções em estados contínuos.

4) Calcula o tempo para o próximo passo de tempo.

O Simulink avança pelas fases 1 a 4 de forma iterativa até à conclusão da simulação.

4.6 Regras de ordenação do bloco

Para organizar os elementos, o Simulink utiliza os seguintes princípios fundamentais de atualização:

1) Deve alterar todos os blocos antes de todos os blocos de passagem que acciona. As entradas dos blocos de passagem direta serão válidas quando forem alteradas graças a esta regra.

2) Os blocos de passagem não diretos podem ser actualizados por qualquer ordem, desde que sejam alterados antes de quaisquer blocos de passagem diretos que conduzam. Todos os blocos de passagem não direta devem ser colocados no topo da lista de atualização em qualquer ordem para cumprir esta diretriz. O Simulink pode, portanto, ordenar os dados sem levar em conta os blocos de alimentação quase direta.

Quando estas regras são aplicadas, é produzida uma lista actualizada, com os blocos de passagem direta a aparecerem a seguir aos blocos de passagem não direta, pela ordem necessária para fornecer entradas válidas aos blocos que eles controlam. O Simulink procura e assinala a existência de loops algébricos durante o processo de ordenação, que são loops de sinal em que uma saída de um bloco de passagem direta está ligada a uma das entradas do bloco, direta ou indiretamente.

Como o Simulink requer a entrada de um bloco de alimentação direta para calcular sua saída, esses loops parecem resultar em uma situação de impasse. No entanto, uma coleção de equações algébricas simultâneas pode ser representada por um ciclo algébrico (daí o nome), em que a entrada e a saída do bloco são desconhecidas.

Além disso, qualquer passo de tempo nessas equações pode ter uma solução válida. Para resolver essas equações sempre que o bloco é modificado ao longo de uma simulação, o Simulink acredita que os loops com blocos de alimentação direta formam, na verdade, uma coleção de problemas algébricos resolvidos.

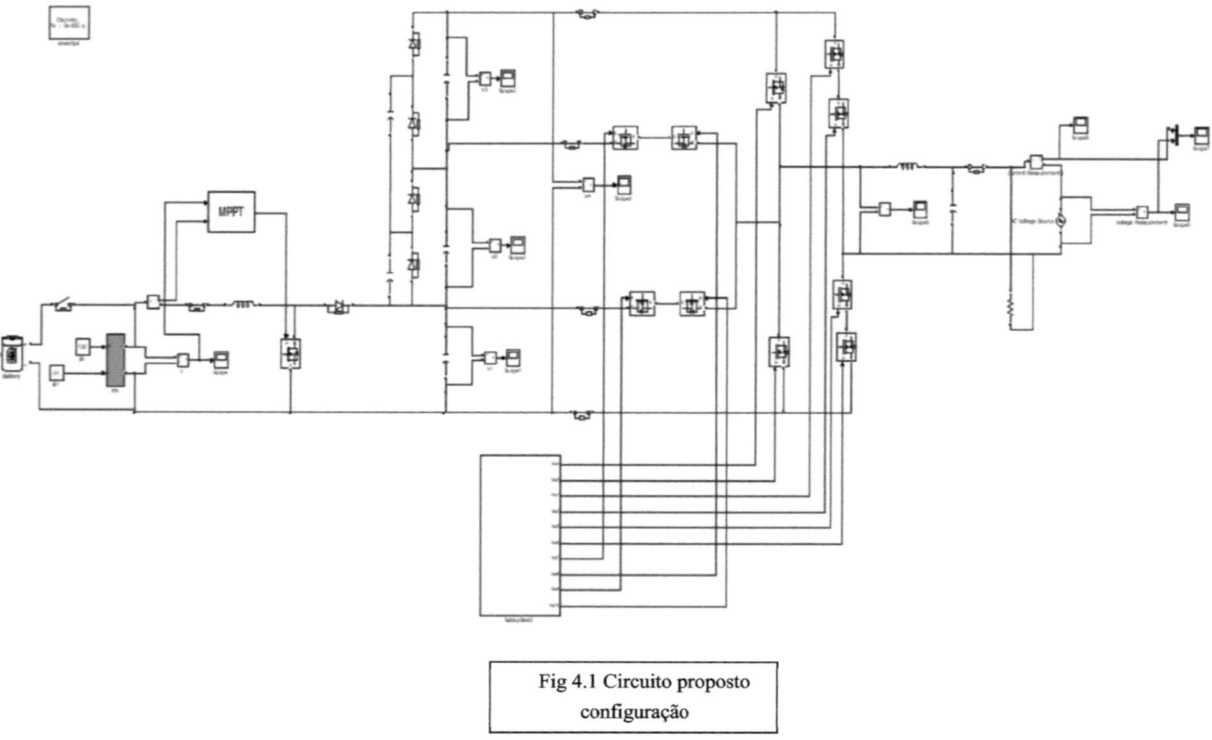

Fig 4.1 Circuito proposto
configuração

Capítulo 5: Resultados e Discussões

Os controladores pi são configurados por variáveis PSO, os controladores pi controlam o bloco de tensão e o bloco de corrente da saída CC total. Os ganhos do controlador pi são dados pelas variáveis PSO

Ao minimizar a função de aptidão, após muitas iterações, os parâmetros para o melhor ganho de tensão e ganho de corrente de PI. Obtém-se uma tensão máxima de 338,6v e uma corrente máxima de 6,89 amperes, que está em fase com a tensão da rede, utilizando o controlo PSO-PI.

Valores dos parâmetros

Dimensão da população 50

Fator cognitivo C1 0,5

Fator social C2 1,25

Velocidade máxima 50

Número de iterações 200

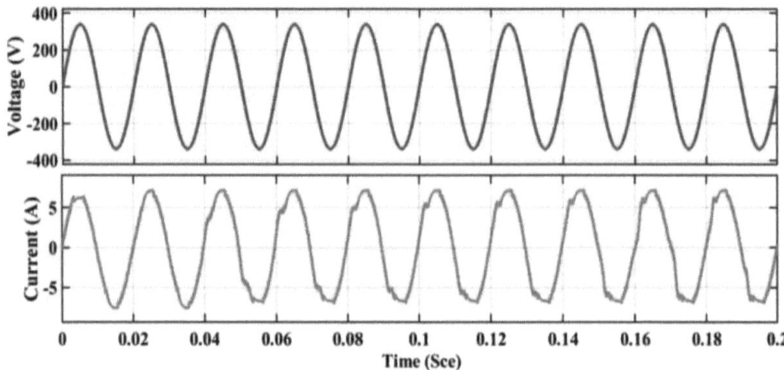

Fig: 5.1 Formas de onda da tensão e da corrente da rede do controlador PSO-PI.

CONTROLADOR HHO-PI

Utiliza 75 iterações para obter os parâmetros óptimos de ganho de tensão de saída e ganhos de corrente do controlador PI. A tensão máxima da rede de 336,7v e a corrente máxima da rede de 6,91 A estão em fase com os parâmetros gris.

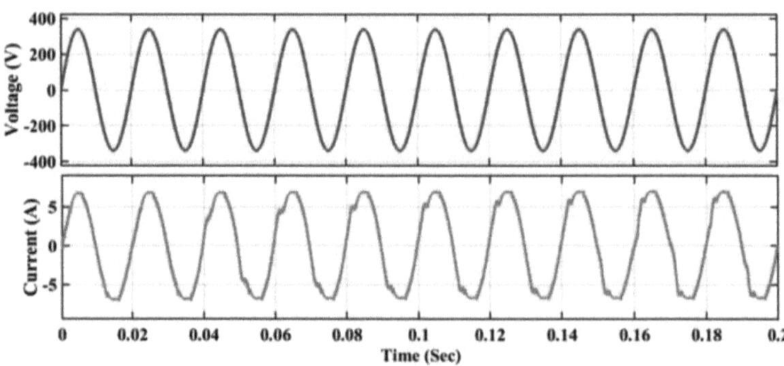

Fig: 5.2 Formas de onda da tensão e da corrente da rede do controlador HHO-PI.

CONTROLADOR PSOGA-PI

O ganho de tensão e o ganho de corrente óptimos do controlador PSOGA-pi são obtidos através da função de aptidão. A tensão máxima é de 336,7 v e a corrente máxima é de 6,96 amperes.

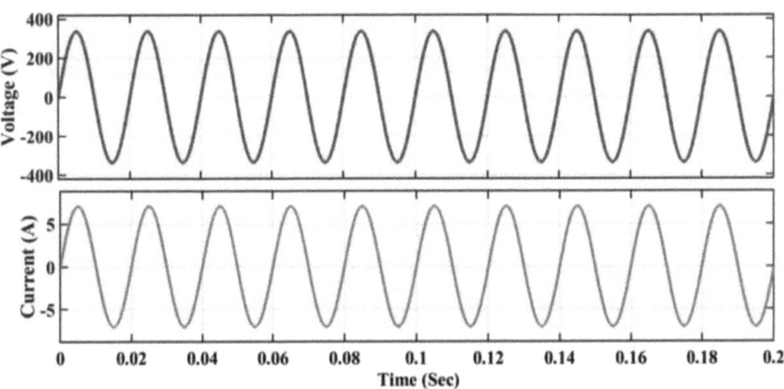

Fig. 3 Formas de onda da tensão e da corrente da rede pelo controlador PSOGA-PI.

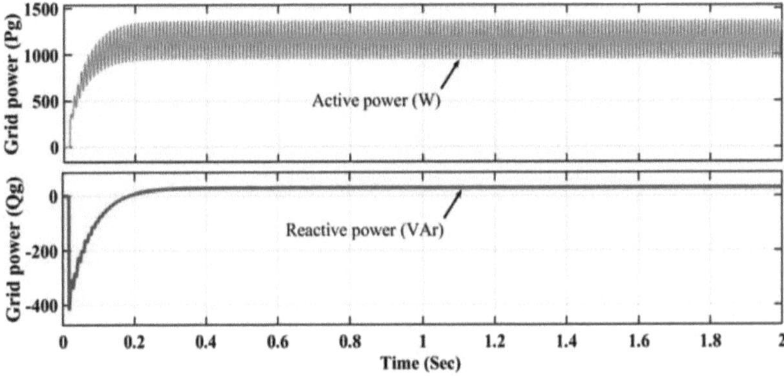

Fig: 5.4 potências ativa e reactiva fornecidas à rede.

1Durante o funcionamento estável da rede, o inversor é responsável por fornecer energia ativa à rede. O inversor recomendado introduz corrente na rede alinhada com a tensão da rede para manter um fator de potência de unidade. Num estado de rede estável, as potências ativa e reactiva são quantificadas e as formas de onda do sistema são apresentadas na Figura 21. Com base nas leituras, a potência ativa é de 1171W e a potência reactiva é de 26,09 VAr.

Devido às variações contínuas na produção solar, a saída não é tão constante. No entanto, a potência máxima de saída pode ser obtida a partir do algoritmo MPPT.

Estes são os valores obtidos a partir dos parâmetros realistas para a grelha.

Capítulo 6: Conclusão

Este relatório é a representação de um Inversor Híbrido Multi-Nível para aplicações fotovoltaicas ligadas à rede, utilizado no tipo híbrido monofásico de duas fases. A capacidade do condensador de reforço multinível para auto-equilibrar a sua tensão de condensador permite a complexidade do controlo, o grau de adaptabilidade da saída de corrente contínua, bem como um forte ganho de reforço. Em todos os modos de funcionamento, a estrutura do Inversor Multinível proposto e o método de modulação associado oferecem à corrente um percurso bidirecional. Adicionalmente, a regulação da potência reactiva é também possível sem afetar os níveis de saída do Inversor Multinível ou o comportamento do CMV. Devido às flutuações no CMV total causadas pela frequência da rede, a corrente de fuga situa-se dentro dos parâmetros das normas da rede. Assim, o sistema de dois estágios em consideração oferece grande potência de saída e eficiência. Ao construir uma fonte de alimentação de 200 watts, a eficiência e o desempenho do sistema de duas fases sugerido são confirmados.

Apêndice

Um sistema de desempenho excecional para a computação científica é designado por MATLAB. O Simulink combina computação, visualização e programação num ambiente de fácil utilização, onde os problemas e as soluções são representados utilizando notação matemática familiar.

As utilizações típicas do MATLAB incluem:

- Matemática e trabalho computacional

- Conceção de algoritmos

- Recolha e conversão de dados

- Modelação e criação de novas simulações

- Análise, exploração e visualização de dados

- Ilustrações industriais e científicas

No programa informático MATLAB, uma matriz sem dimensão serve como componente de dados de base. Isto permite a resolução rápida e eficiente de várias questões técnicas de computação, em particular as que envolvem formulações vectoriais e matriciais, em comparação com o tempo necessário para construir uma linguagem de programação pseudo-interactiva, como o C ou o FORTRAN.

O sistema MATLAB tem seis componentes principais :

Ambiente do MATLAB utilizado para o desenvolvimento

São as ferramentas e recursos que facilitam a utilização das funcionalidades do MATLAB e dos ficheiros. As interfaces de utilizador com gráficos são utilizadas por várias destas tecnologias. O MATLAB engloba um espaço de trabalho e uma janela de comando, fornecendo um histórico da linha de comando, um editor e um depurador, juntamente com navegadores para explorar o espaço de trabalho, ficheiros, ajuda e o caminho de pesquisa.

Biblioteca MATLAB para diferentes funções

O MATLAB oferece uma grande variedade de métodos computacionais que cobrem um vasto espetro de tarefas. Estes métodos vão desde operações fundamentais como a soma, o seno e o cosseno, até cálculos mais complexos como a inversão de matrizes, valores próprios de vectores, funções de Bessel e transformações rápidas de Fourier. Com este conjunto diversificado de capacidades, o MATLAB permite aos utilizadores realizar uma vasta gama de análises matemáticas e computacionais com facilidade e eficiência.

Linguagem do MATLAB

A linguagem utilizada no MATLAB é também designada por MATLAB. É uma linguagem de programação de alto nível especificamente concebida para a computação numérica e científica. O MATLAB combina elementos de programação processual, programação orientada para objectos e paradigmas de programação funcional.

A linguagem MATLAB apresenta uma sintaxe fácil de ler e escrever, tornando-a acessível a programadores novatos e experientes. Inclui uma vasta gama de funções matemáticas incorporadas e bibliotecas que facilitam os cálculos matemáticos, a análise de dados, a visualização e a simulação.

A linguagem MATLAB suporta vários tipos de dados, incluindo matrizes numéricas, matrizes, cadeias de caracteres, estruturas e células. Fornece suporte extensivo para operações de matrizes e vectores, permitindo aos utilizadores efetuar cálculos em matrizes inteiras em vez de elementos individuais.

Para além dos cálculos numéricos, o MATLAB também suporta construções de fluxo de controlo, tais como loops (for, while), condicionais (if-else) e definições de funções, permitindo aos utilizadores criar algoritmos e programas complexos.

O MATLAB também oferece ambientes de desenvolvimento interactivos (IDE) como o MATLAB Editor, que fornece funcionalidades como realce de código, ferramentas de depuração e integração com o espaço de trabalho do MATLAB.

De um modo geral, a linguagem MATLAB foi especificamente concebida para a computação científica e numérica, proporcionando uma ferramenta poderosa e flexível para a análise de dados, simulação e desenvolvimento de algoritmos.

Gráficos em MATLAB

O MATLAB fornece um conjunto abrangente de ferramentas e funções para criar gráficos e visualizações de alta qualidade. Estas capacidades gráficas permitem aos utilizadores apresentar e analisar dados de forma eficaz, explorar padrões e comunicar as suas conclusões. Eis algumas das principais caraterísticas dos gráficos em MATLAB:

1.   Funções de plotagem: O MATLAB oferece uma vasta gama de funções de plotagem, tais como plotagem, dispersão, barra, histograma, superfície e contorno, entre outras. Estas funções permitem aos utilizadores criar gráficos 2D e 3D, gráficos de linhas, gráficos de dispersão, gráficos de barras, histogramas e muito mais.

2.   Opções de personalização: O MATLAB fornece opções de personalização extensivas para gráficos e gráficos. Os utilizadores podem ajustar cores, estilos de linha, marcadores, etiquetas, limites de eixos e outras propriedades visuais para criar gráficos visualmente apelativos e informativos.

3.   Ferramentas de visualização: O MATLAB inclui ferramentas interactivas como o zoom, a panorâmica e o cursor de dados que melhoram a exploração e o exame dos dados representados. Estas ferramentas permitem aos utilizadores inspecionar e analisar interactivamente os seus gráficos.

4.   Visualização 3D: O MATLAB suporta a plotagem e visualização 3D, permitindo aos utilizadores criar representações tridimensionais de dados. Isto inclui gráficos de superfície, gráficos de contorno, gráficos de malha e visualizações de volume.

5.   Animação: O MATLAB permite a criação de animações dinâmicas e interactivas. Os utilizadores podem animar os seus gráficos actualizando dados, alterando parâmetros ou incorporando animações baseadas no tempo. Isto é útil para visualizar dados dependentes do tempo, simulações e sistemas complexos.

6.   Exportação e publicação: O MATLAB fornece opções para exportar gráficos em vários formatos, tais como ficheiros de imagem (PNG, JPEG, etc.), PDF e gráficos vectoriais (EPS, SVG). Isto permite aos utilizadores guardar as suas visualizações para apresentações, relatórios ou publicações.

7.   Ferramentas de visualização adicionais: O MATLAB oferece funções especializadas e caixas de ferramentas para tipos específicos de visualizações, tais como mapeamento geográfico, processamento de imagens, processamento de sinais e sistemas de controlo.

Em geral, as capacidades gráficas do MATLAB permitem aos utilizadores criar visualizações de aspeto profissional, explorar dados de forma eficaz e comunicar as suas conclusões com clareza e impacto.

O A P I do MATLAB

A API (Application Programming Interface) de simulação MATLAB é um conjunto de funções, classes e métodos fornecidos pelo MATLAB que permite aos programadores interagir e controlar as simulações MATLAB de forma programática. Permite aos utilizadores automatizar tarefas de simulação, personalizar o comportamento da simulação e integrar simulações MATLAB em aplicações ou fluxos de trabalho externos.

Com a API de Simulação do MATLAB, os programadores podem efetuar várias operações em simulações, tais como criar, modificar e executar simulações, aceder a resultados e dados de simulações, controlar parâmetros de simulações e monitorizar o progresso das simulações. Ela fornece uma maneira de interagir com o ambiente de simulação e manipular simulações usando código.

A API de simulação do MATLAB é particularmente útil para cenários em que as simulações precisam ser executadas em modo de lote, integradas a outros sistemas de software ou incorporadas a um aplicativo maior. Fornece flexibilidade e extensibilidade para aproveitar as capacidades de simulação do MATLAB de uma forma programática, permitindo aos utilizadores criar fluxos de trabalho personalizados e automatizar tarefas de simulação complexas.

Ao utilizar a API de simulação do MATLAB, os programadores podem aproveitar o poder das capacidades de simulação do MATLAB, alargar a sua funcionalidade e integrá-la perfeitamente nas suas próprias soluções de software, aumentando a produtividade e permitindo fluxos de trabalho de simulação avançados.

Documentação do MATLAB

Para ajudar os utilizadores a compreender e a utilizar todas as suas capacidades, o MATLAB oferece uma vasta documentação impressa e online. Com vários exemplos, fornece uma visão geral de alto nível de todas as funcionalidades chave do MATLAB. As informações de referência e orientadas para tarefas relativas às funcionalidades do MATLAB estão disponíveis na ajuda online do MATLAB.

Além disso, existe documentação impressa e em PDF para o MATLAB.

Referências

[1] Kouro S, Leon JI, Vinnikov D, Franquelo LG. Sistemas fotovoltaicos ligados à rede: uma visão geral da investigação recente e da tecnologia emergente de conversores fotovoltaicos. IEEE Trans. Ind. Magazine. 2015;(1):47-61.

[2] Liserre M, Sauter T, Hung JY. Sistemas energéticos do futuro: integração de fontes de energia renováveis na rede eléctrica inteligente através da eletrónica industrial. Revista IEEE Trans Ind. 2010;4:18-37.

[3] Özkan Z, Hava AM. Classificação dos inversores fotovoltaicos sem transformador ligados à rede, com destaque para as caraterísticas da corrente de fuga e a extensão das famílias de topologias. Journal of Power Electron. 2015;15(1):256-267.

[4] Li W, He X. Revisão dos conversores CC/CC não-isolados de elevado escalonamento em aplicações fotovoltaicas ligadas à rede. IEEE Trans Ind Electron.

2011;58(4):1239-1250.

[5] Calais M, Agelidis VG, Meinhardt M. Conversores multinível para sistemas fotovoltaicos monofásicos ligados à rede: uma visão geral. Solar Energy. 1999;66(5):325-335.

[6] Mahela OP, Shaik AG. Visão geral abrangente dos sistemas solares fotovoltaicos com interface de rede. Renew Sustain Energy Rev. 2017;68:316-332.

[7] Li Q, Wolfs P. Uma revisão das topologias de conversores integrados em módulos fotovoltaicos monofásicos com três configurações diferentes de ligação CC. IEEE Trans Power Electron. 2008;23:1320-1333.

[8] Kjaer SB, Pedersen JK, Blaabjerg F. Uma revisão dos inversores monofásicos ligados à rede para módulos fotovoltaicos. IEEE Trans Ind Appl. 2005;41(5):12921306.

[9] Meneses D, Blaabjerg F, Garcia O, Cobos JA. Revisão e comparação de topologias sem transformador stepup para aplicação em módulos AC fotovoltaicos. IEEE Trans Power Electron. 2013;28(6):2649-2663.

[10] Gubia E, Sanchis P, Ursua A, Lopez J, Marroyo L. Correntes de terra em sistemas fotovoltaicos monofásicos sem transformador. Progresso em Fotovoltaica: Research and Applications. 2007;15(7):629-650.

[11] Lopez O, Freijedo FD, Yepes AG, et al. Eliminação da corrente de terra numa aplicação fotovoltaica sem transformador. IEEE Trans Energy Conversion.

2010;25(1):140-147.

[12] Rodriguez J, Lai JS, Peng FZ. Inversores multinível: um estudo de topologias, controlos e aplicações. IEEE Trans. Ind. Electron. 2002;49(4):724-738.

[13] Colak I, Kabalci E, Bayindir R. Review of multilevel voltage source inverter topologies and control schemes. Energ Conver Manage. 2011;52(2):1114-1128.

[14] Choupan R, Nazarpour D, Golshannavaz S. Uma estrutura de célula unitária simples para um esboço eficiente de inversores multinível ligados em série. Int. J. of Circ. Theor Appl. 2017;45:1-21.

[15]   Alishah RS, Hosseini SH, Babaei E, Sabahi M. Uma nova topologia de conversor multinível monofásico com dispositivos electrónicos de potência reduzidos, classificação de tensão nos interruptores e perdas de potência. J. Int. de Circ Theor Appl. 2018;1-20.

[16]   Wu JC, Chou CW. Um sistema de produção de energia solar com um inversor de sete níveis.

IEEE Trans Power Electron. 2014;29(7):3454-3462.

[17]   Wu JC, Wu KD, Jou HL, Chang SK. Condicionador de potência ativa de sete níveis para um sistema de produção de energia renovável. IET Renewable Power Generation.

2014;8(7):807-816.

[18]   Manoharan MS, Ahmed A, Park JH. Uma nova arquitetura de sistema fotovoltaico de conversor integrado em módulo com um inversor multinível assimétrico de fonte única utilizando um pré-regulador económico de extremidade única. Journal of Power Electron. 2017;17(1):222-231.

[19]   Freddy TK, Lee JH, Moon HC, Lee KB, Rahim NA. Técnica de modulação para inversores fotovoltaicos monofásicos sem transformador com capacidade de potência reactiva. IEEE Trans. Ind. Electron. 2017;64(9):6989-6999.

[20]   Kadam A, Shukla A. Um inversor multinível sem transformador que emprega uma ligação à terra entre o terminal negativo fotovoltaico e o ponto neutro da rede. IEEE Trans. Ind. Appl. 2017;64:8897-8907.

[21]   Rosas-Caro JC, Ramirez JM, Peng FZ, Valderrabano A. Um conversor DC-DC multilevel boost. IET Power Electron. 2010;3(1):129-137.

[22] Cui W, Luo H, Gu Y, Li W, Yang B, He X. Inversor fotovoltaico ligado à rede sem transformador de ponte híbrida. IET Power Electron. 2015;8(3):439-446.

[23] Schweizer M, Kolar JW. Projeto e implementação de um conversor de três níveis do tipo T altamente eficiente para aplicações de baixa tensão. IEEE Trans Power Electron.

2013;28(2):899-907.

[24] Anthon, Alexander. Avanços em inversores fotovoltaicos. Diss. Universidade Técnica da Dinamarca, Departamento de Engenharia Eléctrica, 2015.

[25] Guldberg PH. Estudo dos níveis acústicos e de CEM de projectos solares fotovoltaicos. INCE, CCM, Tech. Environmental Inc. para o Centro de Energia Limpa de Massachusetts. 2012.

[26] Koutroulis E, Blaabjerg F. Otimização da conceção de inversores fotovoltaicos sem transformador ligados à rede, incluindo a fiabilidade. IEEE Trans Power Electron. 2013;28(1):325-335.

[27] Hart DW. Power Electronics. New York City: Tata McGraw-Hill Education; 2011.

[28] Vujacic M, Hammami M, Srndovic M, Grandi G. Investigação teórica e experimental da ondulação de comutação na tensão do elo CC de inversores PWM monofásicos de ponte H. Energies. 2017;10(8):1189.

[29]   Beres RN, Wang X, Liserre M, Blaabjerg F, Bak CL. A review of passive power filters for three-phase grid-connected voltage-source converters. Jornal IEEE de Tópicos Emergentes e Selecionados em Eletrónica de Potência. 2016;4(1):54-69.

[30]   Chaluvadi M, Vincentraj G, Thomas KG. Uma visão do Mil-Std-461G: um relatório de estudo. Em 2017, Conferência Internacional IEEE sobre Engenharia de Potência, Controlo, Sinais e Instrumentação (ICPCSI), 2017; 1356-1359.

[31]   Normas MIL-STD-461G, https://www.atecorp.com/atecorp/media/pdfs/datasheets/mil-std-461g

[32]   Perantzakis GS, Christodoulou CA, Anagnostou KE, Manias SN. Comparação de perdas de potência, tensões de corrente e tensão de semicondutores em inversores multinível sem transformador de fonte de tensão. IET Power Electron. 2014;7(11):27432757.

[33]   Ahmed T, Mekhilef S. Topologia de inversor de fonte semi-Z para sistema fotovoltaico ligado à rede. IET Power Electron. 2015;8(1):63-75.

[34]   Valderrama GE, Guzman GV, Pool-Mazún EI, Martinez-Rodriguez PR, Lopez- Sanchez MJ, Zuñiga JM. Um inversor PV monofásico assimétrico de cinco níveis sem transformador do tipo T. Jornal IEEE de tópicos emergentes e selecionados em eletrônica de potência. 2018;6(1):140-150.

[35]   Sreechithra SM, Jirutitijaroen P, Rathore AK. Impacto das injecções de potência reactiva no desempenho térmico dos inversores fotovoltaicos. Na Sociedade de Eletrónica Industrial, IECON 2013-39ª Conferência Anual do IEEE 2013; 7175-7180.

Printed by Books on Demand GmbH, Norderstedt / Germany